REIBUNGSTRIEBWERKE

UND IHRE

MISSDEUTUNG DURCH THEORETIKER

VON

ST. LÖFFLER und A. RIEDLER

MÜNCHEN UND BERLIN 1921
DRUCK UND VERLAG VON R. OLDENBOURG

I. Erledigung der Angriffe
gegen die dynamische Erfassung der Reibung.

Von St. Löffler.

In meiner Schrift »Theorie und Wirklichkeit bei Triebwerken und Bremsen« 1919 (R. Oldenbourg, München-Berlin)
hatte ich mich gegen gutachtliche Äußerungen mehrerer Theoretiker
über mein 1912 erschienenes Buch »Mechanische Triebwerke
und Bremsen« (im selben Verlage) gewandt und zugleich eine
zusammenfassende Erörterung über Reibungswirkungen gegeben.
Von diesen Theoretikern haben hierauf zwei, die Herren Professor
Dr. Gümbel und Geh. R.-R. Professor Dr. Eugen Meyer, ihre
früheren Gutachten durch Erwiderungen zu stützen versucht in
den Druckschriften: Gümbel »Wer ist der wirklich Blinde?« und
E. Meyer »Wirklichkeitsblinde«.

Ich wollte auf diese Schriften überhaupt nicht mehr antworten,
weil jeder Fachmann aus den bisherigen Veröffentlichungen das
Richtige und das Neue herausfinden und sachlich darüber urteilen
kann; schließlich habe ich mich aber doch zu dieser kurzen Entgeg-
nung entschlossen, weil überlastete Fachleute solchen Streitschriften
kaum kritisch folgen werden, aber doch ein sachliches Interesse haben,
die betriebswichtigen Reibungsvorgänge zu ergründen. Ihnen möchte
ich die Nachprüfung des Sachverhaltes erleichtern.

1. Die Theorie Gümbels.

Herr Gümbel versucht seine Anschauungen zu begründen und
bemüht sich sachlich zu bleiben, sieht sich zugleich aber gezwungen,
eine völlig neue Theorie der Reibung aufzustellen und kommt mit
ihr zu auffälligen Unstimmigkeiten und zu ganz Unwirklichem.

Er sucht sich zunächst gegen den Vorwurf zu wehren, daß seine Auffassung des Formänderungsschlupfes dem Energiegesetze widerspricht, und definiert deshalb diesen Schlupf geometrisch, jedoch der Wirklichkeit völlig widersprechend. Denn dieser Schlupf (Abb. 1—3 seiner Schrift) kann doch nur im Betriebe der Walzen beurteilt werden, als Ausdruck des Geschwindigkeitsunterschiedes der beiden Walzen in tangentialer Richtung an der Kraftübertragungsstelle, und es ist selbstverständlich, daß er unmittelbar von den tangentialen Kraftwirkungen beeinflußt wird.

Versuche mit Kraftwagen haben deutlich bewiesen, daß bei geringen Umfangskräften, etwa im Leerlauf, der Formänderungsschlupf sehr klein ist, und daß dieser Schlupf bei gleichbleibender Normalbelastung mit der Kraftwirkung in tangentialer Richtung stark zunimmt, also mit der Größe der zu übertragenden Umfangskraft an der Berührungsstelle der beiden Walzen stark wächst.

Nach Gümbel wäre aber dieser Schlupf nur abhängig vom Verhältnis der Walzenumfänge vor der Berührung und von diesem Verhältnis nach der Normalbelastung. Die tangentialen Kraftwirkungen hätten auf ihn keinen Einfluß. Dadurch kommt er zu seiner widersinnigen Auffassung, daß bei einem solchen Rolltrieb die getriebene Walze der treibenden voraneilen könnte, was dem Energieprinzip widerspricht.

Die gleiche Wirkung (Abb. 2) würde sich nicht nur für starre Walzen, sondern auch für zwei Walzen von gleicher Durchbiegung ergeben; also auch bei nachgiebigen Walzen würde nach Gümbel in diesem Falle kein Formänderungsschlupf eintreten. Schon hieraus kann jeder Sachkundige das Unhaltbare, Wirklichkeitswidrige seiner Anschauungsweise ersehen.

Gümbels neue Theorie der Reibungswirkungen führt zu Anschauungen, die zu keinem wirklichen Reibungstrieb passen. Das Unmögliche kommt daher, daß er die Kraftwirkungen seiner neuen Theorie gemäß unterteilt und die Wirkung der Normalkräfte von der der tangentialen Kräfte getrennt untersucht, während in Wirklichkeit diese beiden Kraftwirkungen immer vereint auftreten und tangentiale Kraftübertragung ohne Mitwirkung der Normalkräfte undenkbar ist.

Die Angaben von Hertz über Kugeldruckwirkungen sind rein statische Betrachtungen, die den Ruhezustand voraussetzen und nicht ohne weiteres auf die Bewegungsvorgänge bei Reibtrieben übertragen werden dürfen, wie dies Gümbel tut.

Das Unrichtige der theoretischen Anschauungen Gümbels kommt am deutlichsten zum Ausdruck in seinen Abb. 10—12, die das Abrollen einer Walze auf ebener Bahn behandeln.

Nach Gümbel ist der Rollwiderstand einer harten Walze auf weicher Fahrbahn wesentlich kleiner als der Rollwiderstand einer weichen Walze auf harter Bahn. Die Beziehungen, die Gümbel für einseitig starre Rollkörper mit einem nachgiebigen Rollkörper ableitet, dürfen doch nicht für den Grenzzustand allein gelten, sondern sie haben auch Bedeutung für einen Zustand, der sich dem Grenzzustand annähert. Nach Gümbel würde damit ein Wagen mit harter Bereifung auf weicher Bahn einen verschwindend kleinen Fahrwiderstand ergeben gegenüber einem Wagen mit Weichbereifung auf harter Bahn!

Der Urheber der neuen Theorie scheint ihr Versagen geahnt zu haben, denn für den charakteristischen Fall des Abrollens einer starren Rolle auf einer nachgiebigen Bahn muß er sich einer fremden Theorie bedienen (Brix und Gerstner), die auch für diesen Fall erheblichen Rollwiderstand ergibt.

Gümbels Theorie, die eine tatsächliche Verschiebung des resultierenden Normaldruckes an der Berührungsfläche zweier Rollkörper annimmt, also ein statisches Moment dieser Kraft, führt zu unrichtiger Beurteilung reiner Gleitreibwirkungen. Denn im Grenzfall, wo der Rolltrieb zum Gleittrieb wird (Bremse), müßte ja die Verschiebung der Normalkraft einen Größtwert annehmen, und dann würde außer dem Moment der Gleitreibungskraft W noch das Gümbelsche Formänderungsmoment Kf wirksam sein, was allen bisherigen Auffassungen und der Wirklichkeit widerspricht. Diesen Widerspruch, schon in meiner Schrift »Theorie und Wirklichkeit bei Triebwerken und Bremsen« (S. 73, Bild 30) hervorgehoben, hat Herr Gümbel überhaupt nicht aufzuklären versucht.

Das Wirklichkeitswidrige der Ansichten Gümbels über Reibungswirkungen geht besonders auch aus seinen Schlußbetrachtungen über den Walzprozeß hervor. Er bringt die Vorgänge bei der Kraftübertragung durch Reibungstriebe in Beziehung zu den Vorgängen beim Walzprozeß, bei dem bleibende Formänderungen hervorgerufen werden müssen und Schlupfwirkungen eintreten, die mit den Erscheinungen bei Kraftübertragung durch Rolltriebe in keinen unmittelbaren Zusammenhang gebracht werden dürfen.

Daß ein glühender Eisenstab, zwischen zwei Walzen unter Druck ausgewalzt, an seinem vorlaufenden Ende eine größere Geschwindigkeit annehmen kann als an der Druckstelle der ihn auswalzenden Rollen, ist ohne weiteres klar. Dieser Geschwindigkeitsunterschied darf aber doch nicht verwechselt werden mit dem tangentialen Formänderungsschlupf bei der Kraftübertragung durch zwei Rollen, bei der bleibende Formänderungen überhaupt nicht eintreten sollen, wodurch die betriebsgemäße Kraftübertragung gestört würde, um die es sich allein handelt.

Die Wälzversuche Reynolds', die verschiedenen Theoretikern für die Beurteilung von Riementrieben maßgebend geworden sind, müssen in gleicher Weise beurteilt werden. Reynolds hat kleine Walzen auf einer Unterlage abgewälzt und dabei das eine Mal eine harte Walze auf einem Brett mit darauf befestigtem Gummiband abgewälzt, das andere Mal wurde das Gummiband am Walzenumfang angebracht und diese Walze mit weicher Oberfläche auf dem harten Brett abgerollt.

Bei diesem Abwälzen unter Druck wurde das Gummiband ausgewalzt und bleibend deformiert. Es ist deshalb erklärlich, daß Reynolds in beiden Fällen zu verschiedenen Schlupfwirkungen und zu unrichtiger Beurteilung der Rollwirkung gekommen ist.

Die neue Theorie Gümbels widerspricht nicht nur der Wirklichkeit, sie führt auch zu Rechnungsgrundlagen, die durch Versuche nicht nachgeprüft werden können, weil sie nicht eindeutig wertbar sind. Seine Rolltriebe sind von Rollzahlen abhängig, die aus den Wirkungen der wirklichen Kraftübertragung und der Arbeitsleistungen nicht bestimmt werden können.

Herr Gümbel hat die in meinen Schriften begründeten Anschauungen über Reibungstriebe nicht widerlegen können und war auch nicht imstande, die gegen seine gutachtlichen Äußerungen erhobenen Einwände zu widerlegen. Seine neue Theorie ist nicht nur in sich unstimmig, sie widerspricht auch in allen Einzelheiten den Erfahrungen und der Wirklichkeit der Betriebe. Die Einzelheiten sind schon in meiner Schrift »Theorie und Wirklichkeit bei Triebwerken und Bremsen« näher angegeben.

2. Die Kritik Eugen Meyers.

Die Druckschrift Meyers enthält ebenso wie sein früheres Gutachten keine einzige positive Angabe über seine Erfassung der Sache, sondern wieder nur eine Flut negativer Kritik; er findet sich aber ebenso wie Gümbel aus der Rolle des Anklägers in die eines Angeklagten versetzt und ist lebhaft und wortreich bemüht, sich zu verteidigen gegen die ihm vorgeworfenen Fehler und Mängel in seinen gutachtlichen kritischen Äußerungen.

Im Vorwort seiner neuen Schrift beschwert sich Herr Meyer über die viele Arbeit, die ihm sein kritisches Werk verursacht hat zu einer Zeit stärkster Hochschultätigkeit. Darauf ist zu erwidern, erstens: daß niemand Herrn Meyer gezwungen hat, ein Gutachten abzugeben auf einem Fachgebiet, wo ihm ausreichende Erfahrung mangelt, zweitens: daß es Herrn Meyers Schuld ist, wenn sein Gutachten mit persönlichen Angriffen ausgestattet war, die Widerstand hervorrufen müssen, drittens: daß das Erörtern nur dann mühsam ist, wenn man seine Sachkenntnis durch die Literatur und nach historischen Überlieferungen erst suchen muß. Auch ich bin durch die Hochschule sehr stark in Anspruch genommen, doch hat mir die Widerlegung der Meyerschen Schriften keine wesentliche Arbeitslast aufgebürdet. Jeder erfahrene Sachkundige wird auf seinem Fachgebiet mühelos und rasch arbeiten. Man meide daher Gebiete, in denen man sachlich nicht sicher ist.

Das Verfahren des Herrn Meyer in seinem Buche ist das gleiche wie in seinem Gutachten: Einzelheiten aus meinen Schriften aus dem Zusammenhang herausreißen, dazu abfällige Bemerkungen machen, Widersprüche nachweisen — mit seinen Auffassungen und dann ausrufen: »Niemand wird mir nach dieser Probe zumuten, die vielen anderen Punkte zu erörtern!« ... »Man erlasse mir usw.!«

Sachlich habe ich alles Gesagte uneingeschränkt aufrechtzuerhalten. Ich habe in dem Buche »Theorie und Wirklichkeit« alle Bemänglungen Meyers in richtiger Reihenfolge besprochen und widerlegt und nachgewiesen, daß er bei grundlegenden Überlegungen die wirklichen Betriebszustände außer acht läßt.

So beim Riementrieb sogar die Wirkung der unerläßlichen Vorspannung, weshalb seine Ausführungen für Grenzzustände, für unwirkliche Verhältnisse vielleicht gelten könnten, nie aber für den praktischen Betrieb. Auf alle diese seine Erfahrung kennzeichnenden Einwände geht jedoch Herr Meyer in seiner Schrift nicht ein. Er sucht nur neue Vorwände, seine früheren Angriffe zu verteidigen.

Kein Fachmann kann ein Interesse daran haben, nun nochmals eine eingehende Widerlegung der haltlosen Behauptungen des Herrn Meyer zu lesen. Ich begnüge mich, einige wesentliche Punkte aufzuklären, namentlich solche, wo er seine Behauptungen durch Rechnung stützen will.

Kennzeichnend ist seine Auffassung des Riementriebs. Er rechnet S. 36 die Formänderung eines Riemens und will nachweisen, daß sich die »Oberflächenzähne« um mehr als 5 mm zurückbiegen und polypenartig wirken müßten!

Zunächst ist dazu zu sagen, daß man sich einen Riementrieb überhaupt nicht anders vorstellen kann als durch eine Art Zahnwirkung der Unebenheiten an der Berührungsfläche. Außerdem gelten seine Rechnungen nicht für den Betriebszustand des Riemens mit seiner großen Vorspannung, ohne die kein Riementrieb wirken kann. Die Wirklichkeit ist ganz anders, als Herr Meyer für seine Rechnung annimmt:

Scheibe und Riemen werden zunächst gegeneinander gepreßt, der nachgiebige Riemen erfährt dadurch eine große Formänderung, und nur durch dieses Vorspannen wird die sogenannte Zahnwirkung eingeleitet. Zunächst dreht sich im Anlaufzustande nur die treibende Scheibe, nicht die getriebene, Spannungen und Formänderungen im Riemen verschieben sich gegenüber seinem Ruhezustand, auf der gezogenen Seite werden sie verstärkt, auf der geschobenen um den gleichen Betrag vermindert. An der Berührungsfläche gehen die Spannungen allmählich ineinander über. Im nachfolgenden Betriebszustand kommen die »Zähne« außer Eingriff, ähnlich wie bei Zahnradtrieben, und die Formänderungen stellen sich entsprechend den Spannungsübergängen ein. Gleiten, das dabei auftreten kann, ist nicht identisch mit Gleitwirkungen an Bremsen, sondern es ist die Wirkung der »Zahnreibung« unter dem Einfluß von Zahnkräften, die meistens kleiner sind als die Normaldrücke.

Im Betriebe selbst finden im ganzen zusätzliche Formänderungen gegenüber dem Vorspannungszustande nicht mehr statt, sondern nur elementare Verschiebungen von der gezogenen zur geschobenen Seite und beim Übergang vom treibenden auf getriebene Teile. Diese relativen Formänderungen entsprechen an jeder Scheibe also nur je einem Riemenelement und sind sehr klein, nicht von der Größenordnung, die Herr Meyer nach willkürlichen Annahmen ausrechnet.

Der Riementrieb verhält sich im Lauf wie ein Zahnkettentrieb mit unendlich vielen Gliedern, und wie bei einem solchen Trieb nehmen alle Zähne an der Berührungsfläche an der Kraftübertragung teil, nicht bloß ein Zahn, wie Herr Meyer annimmt, der die gesamten Formänderungen nur auf diesen Zahn konzentriert und daher Widersinniges errechnet, was er dann mir zur Last legt statt der wirklichkeitswidrigen Annahme seiner Rechnung.

Der Ausgleich der Spannungen über den Auflagebogen erfolgt durch Zahngleitbewegungen der Kettenglieder, ohne daß sie den Eingriff verlieren oder Gleiten wie bei Bremsen eintritt. Beim Riemen mit seinen ungleich verteilten Zähnchen können wohl einzelne aus dem Eingriff mit den Lücken herausspringen und gleiten, aber auch nur unter Zahnreibung, unter dem Einfluß der kleinen Zahnkräfte und nicht unter der Wirkung der meist größeren Auflagedrücke.

Hieraus erklären sich auch die sehr geringen erwiesenen Gesamtarbeitsverluste des Riementriebes, die ein Vielfaches würden, wenn nach der Meyerschen Theorie, ähnlich wie bei Bremsen, ständige Gleitreibung aufträte unter dem unmittelbaren Einfluß der Auflagekräfte.

Wie will denn Herr Meyer nach seiner Reibungstheorie die Formänderungswirkungen eines Stahlbandtriebes erklären, wenn die Elastizitätszahlen von Riemen und Scheibe wenig verschieden sind? Wer über solche Fragen urteilen will, muß tiefer in die Wirkungen von Kräften und Formänderungen eindringen und phantasievolle Rechnungen unterlassen.

Der Schlußsatz S. 38 seiner Schrift müßte richtig wie folgt lauten:

»So widersprechen sich also die Annahmen des Herrn Meyer gegenseitig, und die eine folgerichtig durchdachte führt gerade zu demjenigen Ergebnis, das er durch die andere als unrichtig ausschließt.«

Herr Meyer sucht für seine erfahrungswidrigen Anschauungen historische Belege und erwähnt zunächst Bach (S. 33). Dessen Ausführungen beweisen aber gerade das Gegenteil von dem, was Herr Meyer zur eigenen Verteidigung beweisen will. Bach sagt nämlich:

»Das Gleiten des Fadens auf den Scheiben, lediglich infolge der Elastizität des Fadenmaterials, ist unvermeidlich und wohl zu unterscheiden von dem Gleiten des Fadens infolge ungenügender Reibung zwischen Faden und Scheibe, welches vermieden werden kann.«

Genau das gleiche habe ich hervorgehoben: daß der Riementrieb keine Gleitwirkung ergebe wie Bandbremsen, daß bei richtig vorgespanntem Riemen — ein andrer ist nicht betriebsfähig — im Betriebe nur Formänderungsschlupf auftrete infolge der nicht vollkommen elastischen Längendehnungen, nicht aber ständiger Gleitschlupf wie bei Bandbremsen. Das Formänderungsgleiten vollzieht sich wie bei Kettentrieben, nur daß beim Riementrieb die einzelnen Zahnkräfte sehr klein sind.

Besonders kennzeichnend sind die »Beweise«, die Meyer für das Vorhandensein eines »Ruhebogens« aus der Literatur herausholen will: aus den Versuchen von Fieber mit einem Gummiriemen, deren Ergebnissen Kammerer zugestimmt haben soll — dessen Äußerung (Z. d. V. d. I. 1909) jedoch keinen Ruhebogen betrifft, sondern die Größe des Geschwindigkeitsunterschiedes im ziehenden und gezogenen Trumm des Riemens — und aus dem Buche von Stiel, der aber den Ruhebogen im allgemeinen ablehnt (S. 75).

Es ist undenkbar, daß ein erfahrener Fachmann einen Ruhebogen im Riementrieb annehmen kann, auf dem keine Kraft übertragen werde und keine Formänderung auftrete, während gerade an diesen Stellen die Kraftwirkungen am größten sind.

Daß diese Stellen ruhiger erscheinen als andre Teile des Umschlingungsbogen, kommt daher, daß dort der Riemen fest aufliegt, während an der geschobenen Seite Entspannen eintritt, das dem Auge viel deutlicher wird als das starke Anspannen des Riemens auf der gezogenen Seite, wo die Formänderungen wegen der größeren Kraftwirkungen größer sind, aber auch das Mitnehmen des Riemens besser. Die Kraftübertragung findet hauptsächlich auf der Seite der großen Spannungen statt, an der Stelle des sogenannten Ruhebogens, und wesentlich weniger auf der geschobenen Seite, dem vermeintlichen Gleitbogen.

Bei den Rolltrieben behandelt Herr Meyer die Kraftwirkungen eines Innenwalzentriebs (Abb. 4), die eine wirkliche Verschiebung von K und damit ein statisches Moment Kf ergeben. Es fehlt aber dazu die Gleichgewichtsgleichung, die das Sinnwidrige seiner Annahmen gezeigt hätte. Seine Auffassung steht auch in Widerspruch mit der Gümbels, der auch mit Formänderungsmomenten (M_{f_1} und M_{f_2}) rechnet, die im gleichen Drehsinn wirken, während Meyer zwei entgegengesetzt drehende Momente M_f annimmt, die zwar nicht seinem Wechselwirkungsgesetz widersprechen, wohl aber der Wirklichkeit, und zu seinen sinnwidrigen Folgerungen führen. Herr Meyer sagt zum Innentrieb, daß an beiden Rädern Widerstandsmomente dem treibenden entgegenwirken, während sie nach seiner Abb. 4 die getriebene Scheibe treibend drehen! Deshalb ist hier sein eigner Ausspruch (S. 27), jedoch gegen ihn gerichtet, angebracht:

»Eine Bemerkung zu diesen Ausführungen hinzuzufügen, halte ich nach meinen vorstehenden Darlegungen zur Sache und um den Eindruck dieser Ausführungen nicht abzuschwächen, für überflüssig.«

Herr Meyer sucht sogar die Doktorarbeit des Fräuleins Jakob weiter zu verwerten, um seine Behauptung zu stützen, daß die »Reibung der Ruhe« kleiner sei als die der Bewegung und selbst Null sein könne, obwohl bei praktischen Reibtrieben, insbesondere Bremsen, das Umgekehrte längst erwiesen und grob sinnfällig ist. Herr Meyer glaubt da noch immer, daß Ergebnisse von Versuchen mit Kleinkörpern, unter höchst einseitigen, von aller Wirklichkeit abstrahierenden Bedingungen durchgeführt, auch für wirkliche Betriebsverhältnisse gelten.

Seine Bemerkungen über Anlauf- und Auslaufreibung (S. 30 und 31) erklären manche Ursachen seiner unzutreffenden Annahmen und Behauptungen. Herr Meyer faßt nämlich die Reibung noch immer nur als eine Einzelkraftwirkung auf, statt als Arbeitswirkung, als Verlustarbeit infolge Formänderungswirkungen. Die Reibung entspricht jedoch nie einer Einzelkraft, sondern sie ist stets Summenwert aller kleinen Reibungskräfte in den Elementen der Reibungsteile, errechnet aus der Reibungsleistung und der Betriebsgeschwindigkeit; daher muß der zusätzliche Arbeitswiderstand, also auch die resultierende Reibung wieder zunehmen, wenn beim Auslauf sich die Unebenheiten wieder aufrichten.

Weitere Einzelheiten zur Schrift Meyers sind entbehrlich, weil sie schon in meiner Erwiderung auf sein »Gutachten« erledigt sind. Unfruchtbarer Streit soll nicht endlos fortgesetzt werden, weil es den einseitigen Kritikern beliebt, ihre Behauptungen immer von neuem vorzubringen, die ihnen nachgewiesenen Fehler zu verschweigen oder die Beweisgründe umzudeuten.

Hätte Herr Meyer, statt bloß zu behaupten, in seinem staatlichen Laboratorium nur einige Versuche über Reibung ausgeführt oder auch nur die Versuche von Reynolds mit besseren Mitteln wiederholt, dann hätte er sich längst von der Unhaltbarkeit seiner Behauptungen überzeugt.

II. Erledigung der Angreifer
der dynamischen Reibungserfassung.

Von A. Riedler.

In dem Buche »Mechanische Triebwerke« ist endlich das Wesen der Reibung dynamisch als Formänderungswiderstand erfaßt und auch veranschaulicht, und es sind darin Versuche begründet, um neue, richtige Wertzahlen zu erlangen an Stelle der jetzt gelehrten elenden und sinnwidrigen »Reibungskoeffizienten«. Das ist der wesentliche, sehr einfache Inhalt des Buches, den kein Gesunder verkennen kann.

Er ist trotzdem so neu, daß der Verfasser erst neue Sach- und wissenschaftliche Begriffe aufstellen mußte an Stelle der alten schulüblichen, irreführenden; neue Begriffe wie: Anlaufreibung, Auslaufreibung, Formänderungswiderstand als Wesen der Reibungsarbeit, Haftung als Triebmöglichkeit statt einer eingebildeten Gleitreibung bei sogenannten Reibtrieben usw.

Dann ist die dynamische Erfassung der Reibung auf Triebwerke angewendet, und Großversuche sind gefordert, weil die herrschende Theorie verantwortlich Schaffende sogar vor den Strafrichter bringen kann, nur deshalb, weil es der herrschenden Wissenschaft, der Physik und Mechanik nicht beliebt, die veränderliche Reibung zu erforschen.

Das Buch wurde von einseitigen Theoretikern sofort feindlich aufgenommen, von Erfahrnen dagegen richtig gewürdigt, die indes öffentlich nicht reden. E. Meyer hat gemeint, eine Buchstelle verstoße gegen das Gesetz der Gegenkräfte, jedoch konnte er das Richtige nicht angeben, seine Meinung war aber der Geierpfiff, den Fortschrittsucher gehässig anzugreifen. Ich habe die ungewöhnlichen Umstände, unter denen dies geschah, in meinem Buche »Wirklichkeitsblinde« gebührend gekennzeichnet und halte dessen Inhalt durchaus aufrecht.

Die Abteilung für Maschineningenieurwesen wollte die Fachleute vor diesem Buche warnen und hat auf der auffälligsten Anpreisungsseite der Zeitschrift des Vereins deutscher Ingenieure verkündet, sie werde das Buch und was etwa weiter noch von mir folgen möge, als Luft behandeln; dies hatte zur Wirkung, daß eine große Auflage alsbald vergriffen war. Sogar meine Freidrucke mußte ich hergeben. Für diese mächtige Förderung habe ich der Fakultät ergebensten Dank zu sagen.

Eine Neuauflage zu veranstalten schien mir nach diesem unerwarteten Erfolge zwecklos. Statt dessen habe ich den Bereich des Streites weiter gezogen und das Wirken der Wirklichkeitsblinden allgemeiner beleuchtet in einem Buche:

»Akademisches Pneuma und die Drehkranken« 1921 (München-Berlin, R. Oldenbourg).

In diesem neuen Buche ist die allgemein herrschende Wissenschaftsrichtung näher gekennzeichnet. Hier sei nur einiges gesagt zu den Streitschriften von Gümbel und Meyer, die beide meinen Buchtitel »Wirklichkeitsblinde« benutzt haben, wofür ich abermals zu danken habe.

1. Gümbels neue Reibungstheorie.

Gümbel sieht sich gezwungen, sofort eine ganz neue Theorie aufzustellen und sogar den Grundbegriff der Reibung anders zu deuten als bisher.

Was bekundet, daß die alte schulübliche Erfassung unhaltbar war, und deutlich besagt, wie urtöricht es war, im Hochschulbereiche eine Sachfrage durch Gutachten von Theoretikern und durch Mehrheitsbeschlüsse von Fakultät und Senat entscheiden zu wollen.

Diese neue Theorie will grundsätzlich die Reibung für jede der beiden Reibflächen getrennt werten.

Das widerspricht zunächst der Logik, die die Reibung nur als Widerstand zweier gegeneinander bewegten Teile erklären kann, wobei »Reibung« und »gegenseitig« untrennbar bleiben. Wie die Werte getrennt zu ermitteln seien, läßt sich nicht einsehen, und der Verfasser sagt es auch nicht.

Seine Annahmen ergeben indes seltsame Folgerungen, u. a. die, daß eine angetriebene Rolle der treibenden voreilen könne!

Was wieder der gewöhnliche Verstand nicht erfassen kann, was auch offensichtlich dem »Energieprinzip« widerspricht.

Das scheint der Verfasser selbst zu fühlen, denn er verdeutet das bisher nur beobachtete und gemessene Zurückbleiben des getriebenen Teils, den »Schlupf«, im Sinne Reynolds' und kommt dann zu noch sonderbareren Folgerungen:

Weiche Wälzrollen sollen keinen Schlupf ergeben, und er soll unabhängig sein von der Umfangskraft!

Jeder Kraftfahrer weiß aber und jedermann kann es beobachten, daß beim Bergfahren der Schlupf mit der Steigung und der Umfangskraft auffällig wächst, und daß schließlich das Abrollen versagen kann, daß die Räder gleiten.

Der Verfasser folgert aus seiner neuen Theorie ein weiteres Wunderliches: daß nur nachgiebige Rollen auf harter Bahn Rollverluste bringen, nicht aber harte auf weicher Bahn!

Warum dann wohl die Kraftfahrer eigenwillig dennoch teure Weichreifen kaufen und nur harte Straßen befahren? Statt mit billigen Harträdern im weichen Sand zu fahren, wo doch laut der neuen Theorie kein Rollverlust auftritt!

Der Verfasser verwechselt nämlich wie sein Vorfahr Reynolds das Abwälzen mit dem Auswalzen und wendet fälschlich auf das ordnungsmäßige Abrollen an, was unter ganz anderen Bedingungen und für völlig andere Zwecke und Wirkungen nur beim streckenden Auswalzen vorkommen kann.

Diese Verwechslung besagt für Kraftwagen: beim »Wälzen« der Räder auf der Fahrbahn könne im Sinne des voreilenden, weil angetriebenen Wagens ein »Schlupf« auftreten, größer als die Fahrgeschwindigkeit! So wie die Geschwindigkeit des vorgeschobenen Walzstücks größer wird als die Walzengeschwindigkeit!

Nur mit tiefem Bedauern kann man diesen Entgleisungen folgen, des einzigen im Krittler- und Richterverband, der sachlich sein will, der für seine Auffassung sowohl Bild wie Rechnung angibt, dabei jedoch ganz versagt und sich wie ein Angeklagter verteidigt.

Die anderen Richter meiden das Sachliche, meiden damit die Anklagebank, bleiben auf dem angemaßten Richterstuhl und drehen fortschrittsfeind die alte angelernte Leier.

2. Eugen Meyers alte statische Leier.

Vorweg ist festzustellen, daß die beiden Krittler untereinander ganz uneinig sind. Meyer mäkelt besonders an der anschaulichen Erklärung der Reibung durch den Eingriff der Unebenheiten (Zähne) der Reibungsflächen, nennt diese Versinnlichung unsinnig, macht aber die sinnlose Annahme: ein einziger der gedachten unendlich vielen »Zähne« habe die ganze Formänderung zu leisten, und errechnet eine Wirkung wie bei polypenartigen Fangarmen!

Gümbel hat in einem Vortrage »Das Problem der Lagerreibung« 1914, (Berlin, Verein deutscher Ingenieure) also zwei Jahre nach der Veröffentlichung Löfflers, das Wesen der Reibung auch als Wirkung eines Zahneingriffes dargestellt und in seiner Abbildung 1 gezeichnet. Das ist das gleiche Anschauungsbild wie das seines Vorgängers und die gleiche Kennzeichnung der »Reibung der Ruhe« und der Bewegung, die Herr Meyer entrüstet tadelt; er verspottet das Abbiegen der »Zähne«, das Gümbel erklärt und abbildet. Der Unterschied in der Auffassung ist nur, daß Löffler die Reibung als Formänderungsarbeit betrachtet, während Gümbel nur statisch rechnet. Jetzt hat Gümbel allerdings seiner damaligen Auffassung entgegen aus nicht erkenntlichen Gründen die erwähnte ganz neue Theorie aufgestellt.

Meyer nörgelt in seinem Buche wie in seinem »Gutachten« nur an beliebig herausgerissenen Einzelheiten und bringt jetzt, viele Jahre nachdem er den Streit begonnen, noch immer nicht die richtige Gleichung, die zeigen könnte, was er überhaupt sachlich zu sagen habe; er bringt nur ein Bild der Rollwirkung, das Professor Weber in seinem Gutachten angegeben hat, aber ohne Rechnung und Wertung.

Eugen Meyer sieht die Reibung nach wie vor nur statisch, als reinen Kraftzusammenhang mit unveränderlichen Reibungswerten, sieht nur die bisherige Schultheorie mit Gleitreibung bei allen Rolltrieben, sieht nicht Haftung noch Formänderung, sieht nur das statische Kippen um einen papiernen »Hebelarm der Rollreibung«, wie er im Buche steht, und kennt nur starre Körper, die es zwar nicht gibt, die aber schulbequem dem Überlieferten dienen. Er »idealisiert« die Aufgaben, sonst passen sie nicht als Schulfall. So verdeutet er auch zugunsten der Schulleier den Schlupf, damit er in die ererbte Schultheorie passe.

Wenn man nur starre Körper kennen will, dann muß man auch leugnen, daß die Unebenheiten ohne eigentliches Gleiten auf Rollbahnen ineinandergreifen, und damit fällt allerdings die einzige Möglichkeit, Krafttriebe mit »glatten« Triebflächen zu erklären, die vielen sogenannten Reibtriebe, die Krafttriebe, Triebräder auf Schienenbahnen, Riementriebe usw.

Unbeugsam muß Herr Meyer selbst die alte Tatsache mißbilligen, daß der ordnungsmäßige Rollverlust, der unmöglich aus Reibung stammen kann, sehr gering ist. Erfahrung achtet er nicht, aber er richtet.

Die Jugend, die mit solcher starren Statik und mit »idealisierten« Täuschungen geschult wird, der wird allerdings das Umlernen für die Wirklichkeit sehr bitter werden!

Ein einfacher Versuch in seinem Laboratorium hätte den Verfasser überzeugen können, wie falsch seine Auffassung ist. Versuche meidet man aber lieber, sonst könnte man vielleicht gar zugeben müssen, man habe jahrzehntelang Falsches gelehrt.

Erheiternd ist die Art, wie der krittelnde Richter, der die Doktorarbeit eines Fräuleins angerufen hat, sie nunmehr abschütteln will, weil mit ihrem Glassplitterversuch, der möglichste Ausschaltung der Reibung bezweckte, sich nichts zur Sache beweisen läßt, auch nichts mit der Beobachtung, daß die »Reibung der Ruhe« gleich Null werden könne, falls der Splitter »von einigen tausendstel Quadratmillimeter Fläche« mit sorgsamsten Händen und weichsten Mitteln abgewischt, auch chemisch reingewaschen wurde, was alles zusammen nicht immer gelang. Jetzt verleugnet er seine Doktorandin und ihren Fund und will seine Gegenüberstellung des hergerichteten Glassplitterversuchs mit den großen Ingenieuraufgaben nicht wahr haben.

Auch dieser Richtenwollende verteidigt sich wie ein Angeklagter, nur dort nicht, wo er sollte. Er hat nämlich die Abfuhr, die ihm in dem Buche »Theorie und Wirklichkeit bei Triebwerken« zuteil wurde, einfach eingesteckt:

> daß er nicht wisse, was jeder Arbeiter, jeder Abcmann weiß,
> daß jeder Reibtrieb mit Vorspannung arbeiten muß,
> daß die von ihm verdeuteten Fliehkräfte nicht so wirken
> können, wie er errechnete,
> daß er unfähig sei, die wirklichen Betriebszustände richtig zu
> beurteilen,
> daß er eine lineare Gleichung für eine quadratische halte,
> obwohl eine lineare Größe der Kraft im Nenner vorkommt, was keinem Prüfling unterlaufen dürfte,
> daß er aus eigenen Denkfehlern Sachfehler anderer ableite usw.

Die Streitsache ist nunmehr persönlich zum Schaden der Angreifer erledigt, sachlich liegt sie, wie sie von Anfang an lag: die dynamische Erfassung der Reibung kann nur durch Großversuche ausgewertet werden.

Die geifernden Angriffe haben jedoch einen tiefen Einblick geöffnet in einen schmachvollen Klüngel, in eine gehässige Papstsucht, die Gesunde bisher wohl für unmöglich gehalten haben.

Eine Schar übereifriger Sachblinder und persönlich Übelwollender wollte richten und konnte keine andere Beschuldigung finden als den läppischen Vorwurf, jemand habe das Gesetz der Wechselkräfte nicht gekannt und bei einer Rechnung über Innenrolltriebe verletzt.

Keiner der Angreifer hat das Richtige angeben können, zwei haben es öffentlich versucht und sind kläglich gescheitert, und beide mußten erst neue Theorien aufstellen oder übliche Grundbegriffe umdeuten.

Jeder der Besserwisser hat hierbei schwerere Sachfehler begangen, als sie dem Angegriffenen in die Schuhe schieben wollten. Die anderen Angreifer haben vorgezogen zu schweigen.

3. „Autoritäten' und Walzverfahren.

Ein einziger, der englische Physiker Osborne Reynolds, hat im »naturwissenschaftlichen Jahrhundert«, schon vor 50 Jahren, einen kleinen Rollversuch durchgeführt und veröffentlicht, und seitdem wird er von deutschen Theoretikern als »Autorität« angerufen. Einige machen aus ihm in ihrer Verehrung sogar den berühmten Sir Josuah Reynolds, wobl nur, weil dessen Name voller klingt. Kein Buch, keine Lehre, die sich nicht auf diese »Autorität« stützte!

Deutsche Theoretiker haben dann Reynolds' Kleinversuche verallgemeinert und zu falschen Theorien der Triebwerke erweitert, die die Mechanik- und Triebwerklehre erfüllen, Studenten wie Lehrer verwirren.

In der vorliegenden Sache wurde dem Angegriffenen alsbald zugerufen, er kenne diese Autorität nicht und arbeite nicht auf der von ihr geschaffenen Grundlage weiter, obwohl gerade die Ansichten dieses Gewährsmannes widerlegt sind.

Die Versuche Reynolds' »sind ein allgemein verständliches Musterbeispiel, wie technisch-wissenschaftliche Versuche nicht gemacht und gedeutet werden dürfen.

Reynolds hat nämlich, wie so viele andere Forscher, einen ganz »besonderen Fall« untersucht, den die Theoretiker doch sonst so gründlich ablehnen. Dann aber hat nicht er, sondern seine deutschen Ausdeuter das Besondere verallgemeinert und eine Theorie darauf aufgebaut, um die sich die Wissenschaft fortan drehen soll!

Die Versuchsmittel waren ganz mangelhaft: eine »gut polierte« kleine Rolle von 6 Zoll Durchmesser und 2 Zoll Breite, ein Brett und ein 2 zölliger Gummistreifen, der an der Rolle oder am Brett befestigt wurde. Dann wurde ohne Rücksicht auf hohe Rollgeschwindigkeiten das Abrollen beobachtet.

Reynolds hat also ein schmales Gummiband zwischen Rolle und Brett ausgewalzt und natürlich ähnliche Formänderungen beobachtet wie beim Auswalzen glühenden, also quellend gewordenen Eisens.

Was sofort das Verfehlte der Versuchsmittel bekundet, denn er wollte doch das Abrollen erforschen, nicht das Auswalzen eines Weichkörpers. Der englische Physiker und nach ihm die deutschen Theoretiker haben also zwei grundverschiedene Vorgänge: Walzen und Wälzen verwechselt, Auswalzen und Abwälzen!

Trotzdem sind diese Versuche geheiligter Bestand der Rollwissenschaft in deutschen Büchern und Köpfen geworden, und Unmögliches wird seither gelehrt über wichtigste Aufgaben der Schienenbahnen und Triebwerke, die nach Meinung der Theoretiker durch das Reynoldssche Röllchen für alle Zeiten gelöst sind.

Der Denkfehler, Jahrzehnte durch die deutsche Wissenschaft und Fachliteratur geschleppt und von allen Lehrkanzeln verkündet, erscheint unbegreiflich:

Die gewollten großen und bleibenden Formänderungen in der nachgiebigen Masse der Walzstücke, das gewollte stärkste bleibende Ausstrecken dieser Körper beim Auswalzen soll gleichartig und gleichwertig sein mit dem ungewollten, bloß örtlichen Verschieben der Oberfläche nur an den Rollflächen, nur an der einen jeweiligen Rollstelle, beim Abwälzen einer Rolle auf einer Bahn unter geringen Formänderungen, die sich wieder ausgleichen, sobald die Belastung aufhört!

Beim Abwälzen muß der getriebene Teil stets etwas zurückbleiben (Schlupf), aber nur entsprechend der vorübergehenden Formänderung an der jeweiligen Wälzstelle, während beim Auswalzen das Walzstück voreilt, die Geschwindigkeit des ausgewalzten, stark

gestreckten Walzstückes zunehmen muß. Jeder gesund Denkende kann
das verstehen, und jeder kann es sehen an jedem Rollrad, an jedem
Walzwerk.

Dennoch hat die »deutsche Wissenschaft« den Fehler Reynolds'
ausgedeutet zu Irrtümern über Triebwerke und hat die Theorie
ausgeheckt, die Kraft werde bei Riemen- und Seiltrieben in einem
eigens erfundenen »Ruhebogen« überhaupt nicht übertragen, gerade
da nicht übertragen, wo die größten Kräfte wirken.

Die Irrtümer sind seither sinnfällig deutlich geworden durch
die Erfahrungen und Versuche mit Luftgummireifen von Kraftfahr-
zeugen, die mit vielfach größeren gemessenen Formänderungen an
der Laufstelle das im großen verwirklichen, was der Physiker mit
untauglichen Kleinmitteln beobachten wollte.

Jeder Erfahrene, der die Weichreifen der Kraftwagen kennt,
wird bestätigen: Wenn die Zufallsversuche Reynolds' wiederholt
würden, so würde sich ganz Abweichendes ergeben je nach der
Gummiart, je nach Breite und Dicke des Gummibandes und je
nach Größe und Breite und sogar Abrundung der Rollkanten, je
nach Art der Befestigung des Bandes auf der Rolle oder Fahrbahn
usw., also je nach dem Sonderfall.

Reynolds hat eben mit schlechten Zufallsmitteln nur Zu-
fallsbeobachtungen machen können und hat dabei das Auswalzen
statt des Abwälzens beobachtet. Er hat dann seine Versuchsergeb-
nisse drucken lassen, und Gedrucktes ist bei uns heilig und wird
unbesehen zu Theorien verarbeitet.

Wer aber an die Walztheorie nicht glaubt, dem wird mit
deutscher Wissenschaftstiefe gesagt: Kannst du nicht meiner Meinung
sein, so hau' ich dir den Schädel ein!

Die Tatsache ist für den Wissenschaftsbetrieb jedenfalls kennzeichnend: Über Reibung, ein wichtiges Gebiet der Naturerkenntnis,
ist überhaupt noch keine gültige Erkenntnis gewonnen, sondern nur
rohe Zufallsversuche oder Kleinversuche sind verallgemeinert
worden.

Erkenntnis über Reibung liegt nur vor auf Sondergebieten und
wurde von Ingenieuren durch engbegrenzte Zweckversuche erlangt,
die indes wesentlich nur Lagerreibung betreffen und nicht die
Reibung als Urwirkung aufklären, sondern nur den Flüssigkeits-
widerstand der Schmierschicht und was damit zusammenhängt.

4. Persönliches.

An andrer Stelle werde ich näher begründen, daß alles
»Objektive«, von dem so viel und überzeugt geredet wird, doch
nur »subjektiv« sein kann, nur persönliche Meinung über eine Sache,
daß der Beurteilende immer nur ein Meinender sein kann, daß er
auf einem ‚Standpunkt' steht, einem selbstgewählten, von dem
aus er doch nur sich selbst und seine Meinung sieht. Daher denn
mehrere über die gleiche, oft einfachst scheinende Sache ganz ver-
schiedener Meinung sind. In den Wissenschaften erst recht!

Die anmaßendste aller Meinungen ist, man wisse die reine
»Wahrheit« und die andern wüßten sie nicht. Meist handelt es
sich nur um die üblichen Schulwahrheiten und deren Deutung, und
alles ist nur persönliche Meinung, die nur im Bereiche der uner-
fahrenen Unfehlbaren als das »Wahre« ausgegeben wird. Dieses
Wahre ist für sie ein für allemal festgelegt, daher wird jeder ver-
folgt, der daran zu rühren wagt.

Im vorliegenden Fall hat eine ganze Schar unfruchtbarer
Nörgler, die das Richtige gar nicht kundgeben können, persönlich
gehässig gehandelt und ihr Gewissen wohl damit beschwichtigt,
daß sie die »sachliche Wahrheit« hochhalten, die ihnen ein Übereifriger vorgeredet hat, daß diese Wahrheit unverrückbar von der
Zunft festgelegt sei, weshalb man sich auch sachlich nicht zu
äußern brauche. Seine eigene Sachmeinung zu sagen ist gefährlich.
Zwei Nörgler haben es ja getan und sind schmählich entgleist;
daher schweigt man lieber und verunglimpft die Fortschrittsucher.

Unfruchtbare Nörgler sind immer gehässig, unduldsam, ihr
Richtereifer ist persönliches Wollen, wütet blind und führt zu ulkigen
Possen, zu dem »amtlichen« Richt- und Strafverfahren, zum Scher-
bengericht, zur Beschlußwissenschaft, zu der ganzen Mache, um
Klüngelangelegenheiten zu angeblichen Sachfragen zu erheben.

Zu späterem Gedenken im Buche »Wirklichkeitsblinde«
auferbaulich zu lesen, wobei jedermann empfohlen wird, die wüsten
Verirrungen der persönlich Übelwollenden von der heiteren Seite
anzusehen und wegen der Urtorheiten nicht einen ganzen Stand
anzuklagen.

Denn es sind nur wenige, die persönlich und gehässig wirken
und hetzen; im ahnungsvollen Gemüte empfindend, wie schwach ihre
Sache sei, suchen sie jedoch andre einzuspinnen, die sie unter den
Unfruchtbaren und Geistesträgen als Mitläufer leider allzuleicht finden.

Dann werden aus erbärmlichen persönlichen Bestrebungen »heilige Prinzipien«, Zähne und Hinterbeine werden gezeigt und, um der »Wahrheit« willen, ach wie bald betätigt; Zufallsmeinungen gehässiger Unerfahrener werden veramtlicht, und sogar der gesunde Menschenverstand kommt abhanden.

Mein Eingreifen war insofern persönlich, als ich stets mit denen gehen will, die Fortschritt suchen, und gegen diejenigen wirken werde, die ihn hemmen wollen, weil ich nicht stumm zusehen mag, wie man andere angeblich sachlich angreift, aber nur Persönliches, Gehässiges will.

Das drolligste persönliche Possenspiel war das »amtliche« Verfahren, eine persönlich gerichtete Narretei blindwütigen Eiferns:

Der Minister verlangt amtlich eine Äußerung, selbstverständlich eine zuverlässige. Ein Klüngel sorgt dafür, daß bei der Urteilsabgabe diejenigen ausgeschaltet werden, die über den Angefragten auf Grund längerer gemeinsamer Wissenschafts- und Lehrarbeit genaue Auskunft geben könnten, und beauftragt einen feindlich Gesinnten, ein »Gutachten« zu schreiben. Dieser gibt seine rein persönliche Meinung als »amtliches« Gutachten ab, das doch nur eine sachlich wertlose Schmähschrift ist. Ihr Verfasser gilt freilich schon längere Zeit als wissenschaftlicher Oberaufseher der Fakultät. *,Er sagt, er sei der Rechte, der für sie alle dächte.' (Goethe.)*

Der Klüngel übergeht weiter alle Verdienste, die sich der Angegriffene in Wissenschaft und Lehre und als Schaffender erworben hat, weil der »amtliche« Gutachter meint, ein Bild seines Buches sei falsch, ohne daß der Krittler angeben kann, wie es richtig sein müßte.

Dann tragen die Angreifer, obwohl die Behörde, wie üblich, vertraulich angefragt hat, die Sache schleunigst an außenstehende Personen, an andere Abteilungen und Hochschulen. Nur deshalb wurde es mir möglich, die Sache und die Personen öffentlich zu beleuchten.

Die wideramtlich und klingelbeutlig gesammelten Meinungen der Außenseiter wurden sofort dem Minister überbracht. Auch eine Äußerung aus Göttingen, von dem Ableger einer Technischen Hochschule, der dort unter dem gleißenden Vorwand besserer Ausbildung der höheren Mittelschullehrer gepflanzt wurde. Dort durfte man der Papstsucht sicher sein. Man hat sich im Krankheitsbild nicht geirrt, das erwartete rein persönliche, gehässige Verdammungsurteil wurde hurtig geliefert, ohne jegliche Sachangabe.

Verschwiegen wurde der Behörde, daß der persönlich gerichtete
»Gutachter« in seiner »amtlichen« Schmähschrift im Übereifer arge
Sachfehler begangen hat, und nicht betont wurde, daß Sachfragen
und Theorien nie durch persönliche Meinungen entscheidbar sind,
sondern nur durch wissenschaftliche Versuche, von denen ein Haupt-
teil des angegriffenen Buches handelt; ungesagt blieb auch, daß
gerade der »amtliche« Gutachter berufen gewesen wäre, in seinem
reich wie kein anderes ausgestatteten Laboratorium klärende Versuche auszuführen, statt persönliche Meinungen vor die Behörde
zu zerren. Der ganze Streit, das Gehässige und die Sachfehler der
anmaßenden Richter wären dann ungeschehen geblieben.

Trotz alledem kann nicht eine ganze Fakultät verantwortlich
gemacht werden für die nur persönlich gerichteten ungeheuerlichen
Verirrungen. Zeitgenossen oder Nachfolger werden die Köpfe schütteln
und mit bedenklicher Gebärdensprache nach der Stirn deuten. Das
soll dann nur den Treibern gelten.

Gesinnung und Taten der Hetzer und der Verhetzten müssen
von den Machern verantwortet werden, die in dem Buche »Wirklichkeitsblinde« genügend gekennzeichnet sind.

Alle Angreifer würden in arge Verlegenheit geraten, wenn sie
darlegen müßten — vor versammeltem erfahrnen Fachvolk natürlich, nicht in einem Klüngelkreise — wie Bild und Gleichung für
Innenrolltriebe richtig lauten müsse, denn sachlich handelt es sich
nur um dieses theoretische Mäuschen, wegen dessen der Bombenberg
des Reibungsgeredes kreißen mußte.

Persönlich ist zu werten, daß keiner der Richtenden je den
Versuch einer sachlichen Aussprache gemacht hat, obwohl sie wußten,
es handle sich um einen Erfahrnen, von dem nur ein feindlich
Wollender behaupten konnte, er kenne Kraft und Gegenkraft nicht,
was man in unsrer Zeit kaum einem Lehrjungen oder Pennäler
vorzuwerfen wagt. Ein persönlich gerichtetes geheimes Abschlach-
tungsverfahren war eben gewollt.

Persönlich ist endlich der scharfe Ton, den ich anschlagen
mußte; ein milderer wäre im üblichen Fachgezänk nicht gehört
worden.

> ‚In Berlin lebt ein so verwegener Menschenschlag beisammen, daß man mit de*
> Delikatesse nicht weit reicht, sondern daß man Haare auf den Zähnen haben muß
> und mitunter etwas grob sein muß.'   (Goethe über Zelter.)

Schnellbetrieb

Erhöhung der Geschwindigkeit und Wirtschaftlichkeit der Maschinenbetriebe

Von Dr. A. RIEDLER

Geh. Regierungsrat u. Professor a. d. Technischen Hochschule Berlin

---

I. Heft: **Maschinentechnische Neuerungen im Dienste der städt. Schwemm-kanalisation u. Fabrikentwässerungen.** Mit 79 Abb. 1900. Geh. M. 4.—

II. Heft: **Neuere Wasserwerks-Pumpmaschinen für städt. Wasserversorgungsanlagen und Pumpmaschinen für Fabriks- und landwirtschaftliche Betriebe.** Mit 318 Abb. 1900. Geh. M. 8.—

III. Heft: **Preßpumpmaschinen zur Erzeugung von Kraftwasser für hydraulische Kraftübertragung, neuere unterirdische Wasserhaltungsmaschinen für Bergwerke.** Mit 194 Abb. 1900. Geh. M. 8.—

IV. Heft: **Expreßpumpen mit unmittelbarem elektrischen Antrieb. Vergleiche zwischen Expreßpumpen und gewöhnlichen Pumpen. Expreßpumpen mit unmittelbarem Antrieb durch Dampfmaschinen.** Mit 176 Abb. 1900. Geh. M. 8.—

V. Heft: **Kompressoren. Neuere Maschinen zur Verdichtung von Luft und Gas. Expreßkompressoren mit rückläufigen Druckventilen. Gebläsemaschinen für Hochöfen u. Stahlwerke.** Mit 274 Abb. 1900. Geh. M. 8.—

„Wie schon der Titel des Gesamtwerkes erkennen läßt, sucht der Verfasser in diesen Heften zu beweisen, daß sich durch zweckentsprechende Umkonstruktion der bestehenden Maschinen unter Benutzung aller Hilfsmittel der modernen Technik eine wesentliche Arbeitsbeschleunigung dieser Maschinen und somit eine entsprechende Mehrleistung derselben erzielen lassen."

An Hand einer Anzahl der Praxis entnommener Beispiele legt der Verfasser seine im Titel ausgedrückte Idee klar und gibt zugleich die Mittel und Wege an, auf denen man diese Idee praktisch durchführen kann. Über den Inhalt der Hefte gibt der Titel genügend Auskunft, so daß wir mit Rücksicht auf den Ruf des Verfassers als „Pumpenbauer" uns darauf beschränken können, lediglich darauf hinzuweisen, daß Inhalt wie Zeichnungen in ihrer Art wohl ihresgleichen nicht haben." Der praktische Maschinenkonstrukteur.

VERLAG R. OLDENBOURG IN MÜNCHEN-BERLIN